SCIENCE

趣味科学馆

其实这是物理

高丽娜 主编

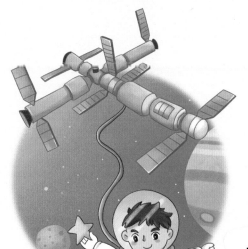

吉林出版集团股份有限公司|全国百佳图书出版单位

图书在版编目（CIP）数据

其实这是物理 / 高丽娜主编 . -- 长春 : 吉林出版
集团股份有限公司 , 2023.6
　　（趣味科学馆）
　　ISBN 978-7-5581-2715-1

　　Ⅰ . ①其… Ⅱ . ①高… Ⅲ . ①物理 – 儿童读物 Ⅳ .
① 04-49

中国国家版本馆 CIP 数据核字（2023）第 002904 号

QISHI ZHE SHI WULI
其实这是物理

主　　编：高丽娜		编　　委：张赢今　刘　萍　李　莹		
出版策划：崔文辉		项目统筹：郝秋月		
选题策划：王诗剑		责任编辑：王　媛		
图文统筹：上品励合（北京）文化传播有限公司				
封面设计：薛　芳				

出　　版：吉林出版集团股份有限公司
　　　　　（长春市福祉大路 5788 号，邮政编码：130118）
发　　行：吉林出版集团译文图书经营有限公司
　　　　　（http://shop34896900.taobao.com）
电　　话：总编办 0431-81629909　　营销部 0431-81629880/81629900
印　　刷：长春新华印刷集团有限公司

开　　本：889mm×1194mm　1/16
印　　张：7
字　　数：67 千字
版　　次：2023 年 6 月第 1 版
印　　次：2023 年 6 月第 1 次印刷
书　　号：ISBN 978-7-5581-2715-1
定　　价：28.00 元

印装错误请与承印厂联系　电话：0431-86059099

前 言

　　本书包含物理学中所涉及的声学、光学、物质、力学、电学以及磁学六大板块。通过图画的形式，激发孩子对物理学的兴趣，让孩子学知识不再乏味。再通过一个个小实验，了解物理学的原理，帮孩子理解身边的物理现象，在潜移默化中学到知识。

目 录

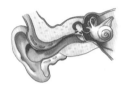

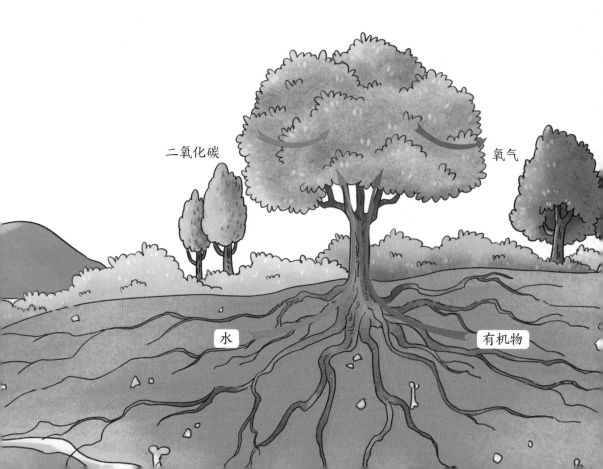

二氧化碳

氧气

水

有机物

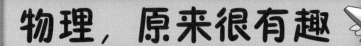

物理，原来很有趣

　　小朋友们，你们一定对身边这些稀奇古怪的现象十分好奇吧！其实，不仅是你们，科学家们在小时候也都跟你们一样好奇过。

彩虹是怎么形成的？

电究竟是什么？

飞机为什么能在天上飞？

船为什么会漂浮在海面上？

天空为什么是蓝色的？

物理是什么呢？物理是研究物质最一般的运动规律和物质基本结构的学科。在我们的生活中，很多天马行空的现象都与物理密不可分，所以说物理非常有趣！

热闹的物理大家族

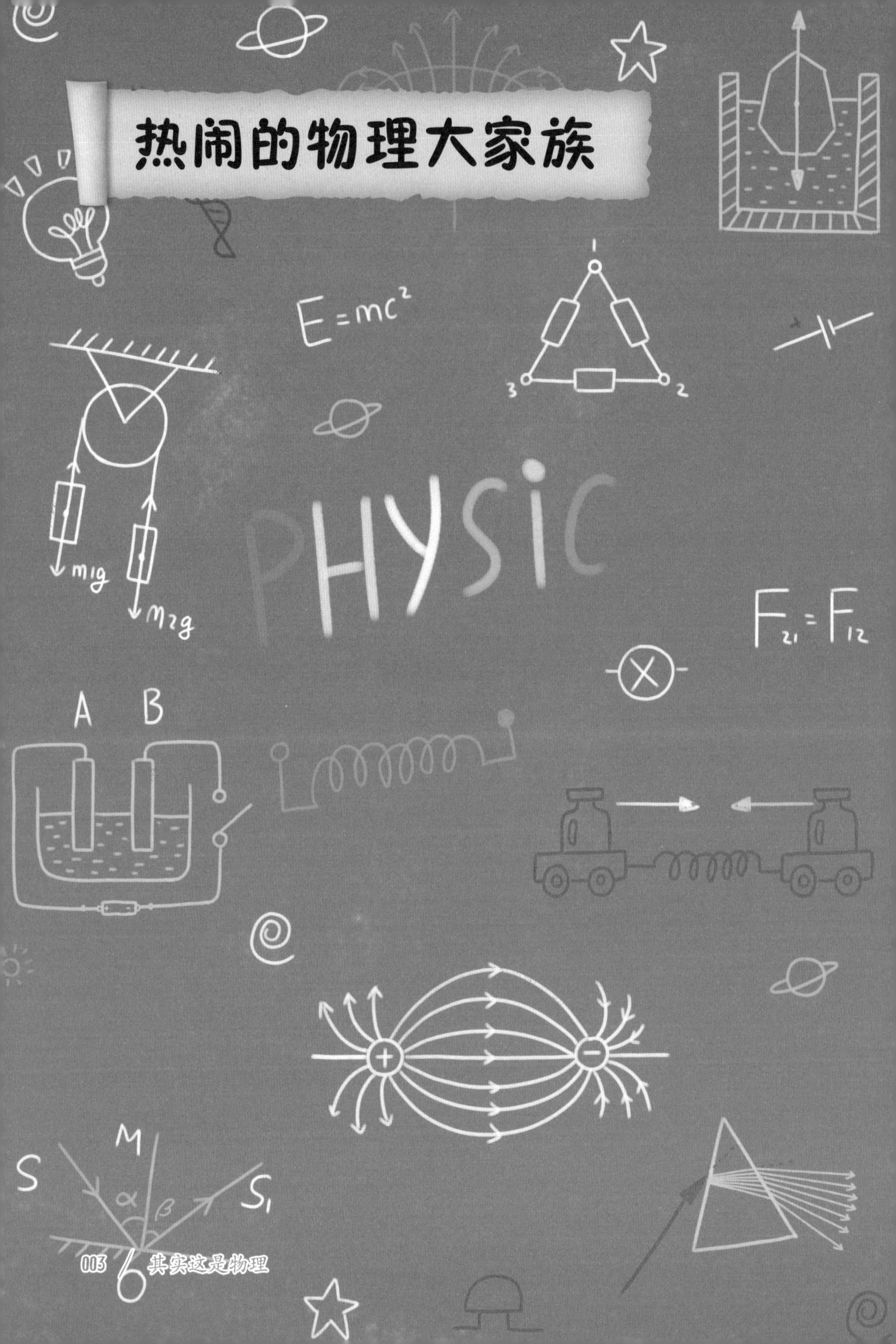
E=mc²
1
2
3
PHYSIC
m_1g
m_2g
$F_{21}=F_{12}$
A
B
M
S
S_1
α
β

大家好，我是声音，你们说话发出的声音是因为发生了振动。

大家好，我是光，我的出现，给大家带来了光明。

大家好，我是物质，我会变魔术，能变成固态、液态、气态。

大家好，我是力，只要两个物体相互作用，我就会出现。

大家好，我是电，有了我生活变得更加方便快捷。

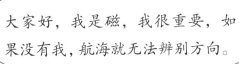

大家好，我是磁，我很重要，如果没有我，航海就无法辨别方向。

第一章 声音的秘密

认识声音

声音无处不在，生活中好听的声音比比皆是：琴声、歌声、鸟鸣声、溪水声等，它们都是从哪里来的呢？

声音是怎样产生的

人说话时，声带在振动；敲鼓时，鼓面在振动；弹吉他时，琴弦在振动。可见，声音是由物体的振动产生的。

声音是如何传播的

声音的传播需要物质，我们把这种物质叫作介质，气体、液体、固体都可以传播声音。声音以声波的形式在介质中传播。

声音的传播需要介质，由于真空中不存在介质，因此声音无法在真空中传播。

原来声音也有速度

声音在每秒钟传播的距离叫声速。声音在不同介质中传播的速度不同。

声音传播的速度和介质的温度也有关系。15℃时空气中的声速是 340m/s。

声音的特性

我们能听到各种声音，比如楼上装修时的砸墙声和电钻声，再比如听到钢琴家弹奏的乐曲声。装修声听起来使人心烦意乱，而音乐却能让人心情愉悦。

为什么同样是声音，人听起来的感受会不同呢？主要是因为它们分别是噪音和乐音。

响度：通常所说的音量。一般振幅越大响度就越大，振幅越小响度就越小。

音调：声音的高低。声源振动得越快，频率越高，音调越高，我们听起来越尖锐一些；振动得越慢，频率越低，音调越低，我们听起来就越低沉一些。

音色：就是音品，不同材料的声源产生的音色就不同。用铁和木棍敲击地面，发出声音的音色就不同。

声音是如何被耳朵听到的

　　耳朵好像一台精密复杂的仪器，由各种各样的零件组装在一起，所有零件正常运转才能听到清晰的声音。

　　那我们的耳朵是如何听到各种各样的声音的呢？一起来看看吧。

　　听声音离不开耳朵，小朋友们一定要在日常生活中养成良好用耳习惯哟！

　　外界传来的声音引起鼓膜振动，这种振动产生的信号经过听小骨及其他组织传给听觉神经，听觉神经再把信号传给大脑，人就听到了声音。别看这个过程这样复杂，但其实一瞬间就完成了。

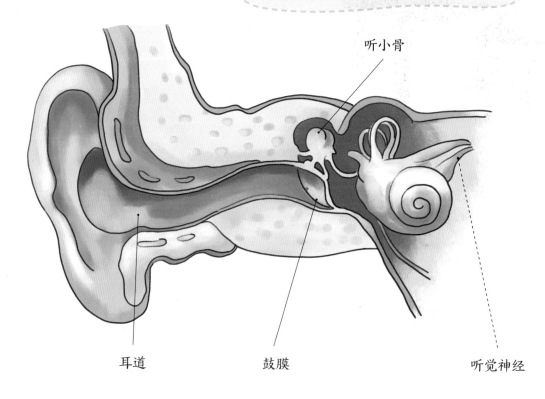

听小骨

耳道　　　　　鼓膜　　　　　听觉神经

在太空中可以听到声音吗

在奇妙的太空中，有很多我们想不到的现象发生，那么，我们可以像在地球上一样听到声音吗？航天员叔叔和阿姨都是如何交流的呢？

我们知道，在地球上，我们能够听到声音，是因为介质能够传播声音。然而，太空属于真空环境，只有极少数的空气分子，声音无法传播到我们的耳朵里，所以，航天员在外太空飘浮时，必须借助无线电波来交流。

实验探索 🔍

拒绝声音的真空

有时候声音就在那里，但你却听不见，这是为什么呢？

准备材料：

闹钟、玻璃罩、抽气机

实验方法：

将正在发声的闹钟放入玻璃罩中，用抽气机逐渐抽出罩中的空气，发现铃声逐渐变小，直至听不到声音。

实验结论：

声音的传播需要介质，真空不能传声。

声音在空气中的速度有多快

"小朋友们，你们知道声音在空气中的传播速度是多少吗？"

超音速飞机你一定听过，这里的音速指的是声音在空气中的传播速度，约为 340m/s，所以超音速飞机飞得很快哟。

测声速好帮手——炸弹

说到声音传播的速度，就不得不讲一个有趣的小故事。

从前，有一个叫德罕姆的人发现：炸弹可以测声速！

每当远处的炸弹爆炸时，德罕姆总是先看见火光，再听见爆炸的声音。那是因为，光的速度远比声音的速度快得多。光几乎是瞬间就能到达德罕姆所在的位置，而声音却需要花上一些时间。

于是，德罕姆就把看见火光的那一瞬间当作是发出爆炸声的信号，按下秒表开始计时，当听见爆炸声马上停止计时，以此得到声音的传播时间，再测出爆炸的位置和自己的位置之间的距离，用距离除以时间，便得到了声音在空气中的传播速度。

回声是怎么回事

　　为什么会有回声呢？那是因为，声音碰到障碍物时，就会发生反射，于是我们就会听到回声。例如：站在山上，对着谷底大喊，没一会儿，远处山峦就会传来你的回声。

　　其实，声速的测量非常简单，只需要借助声音传播的时间和距离就能计算出来了。

回音悠长—天坛的回音壁

正常情况下，如果两个人隔了十几米距离，说话就不容易听见了。

可是在回音壁边上，神奇的事情就发生了，两个人分开几十米距离，贴着回音壁墙边轻声对话，耳朵靠近墙壁，彼此就能听得清清楚楚，而且回音悠长。

回音壁

回音壁的表面能够多次反射声波，让说话声传播很远。

回音壁位于北京天坛，始建于明代，其建筑风格独特，是我国最有特色的古建筑之一。

三音石

回音壁的中心处有一块"三音石"，位于一条用白色石块铺成的路上。在安静的环境下，人站在上面拍手掌，能听到连续多个回声。

圜丘

除了回音壁和三音石，天坛的第三个声学奇迹是圜丘。人们站在圜丘的天心石上大声说话，听到的声音会特别洪亮。

但是站在天心石以外说话，就没有这种感觉。

各种昆虫的"叫声"为什么不同

大自然的声音很奇妙，让我们一起寻觅、发现自然界中小昆虫有趣的发声原理吧！

摩擦发声的"歌唱家"

昆虫界有一位著名的"歌唱家"——蟋蟀，它的发声原理很有趣，声音通过它左右两翅的摩擦产生的，它的发声器就是由弦器和弹器共同组成的。

翅膀振动发出嗡嗡声

还有一部分昆虫是在飞行的时候依靠翅膀带动空气产生振动而发出嗡嗡的声音，例如苍蝇、蚊子、甲虫等都是以这样的发声方式发声。

肚子上的发声器

你知道蝉的"乐器"是在哪个部位吗？答案就是在肚子上，意想不到吧！

蝉的腹部有一对盖板，盖板下面各有一片富有弹性的薄膜，它们就是发音膜。穿过发音膜，就是发音肌，当发音肌快速收缩和扩张时，发音膜就开始快速振动了，于是就发出了嘹亮的"知了、知了"声。不过只有雄性知了才会发出叫声哟！

音乐厅的演奏开始了

  音乐厅里的演奏就要开始啦，来自不同音乐家族的乐器即将迎来它们闪耀的音乐表演。选手们分别是来自乐器界的竖琴、大鼓、长笛……它们拥有自己独特的音色。一起来看看它们是如何奏出华美乐章的吧！

竖琴	演奏者拨动琴弦，琴弦振动产生声音。
大鼓	鼓手击打鼓面，鼓面振动产生声音。

长笛

演奏者吹响笛子，使空气柱在笛子中快速振动产生声音。

......

就这样，各种乐器在演奏者手中相互配合，优美的声音、动人的旋律就产生了。

第二章 五颜六色的光

认识光

　　它是自然界生命的源泉。在地球上，我们人类、动物、植物的生存都离不开它，它是谁呢？

　　它就是光，一种物理现象，本质是一种处于特定频段的电磁波。

亮亮的光源

　　我们的眼睛为什么能看见东西？原来是因为有光的存在，当光射到我们的眼睛当中，我们便可以看见这一切。

　　太阳属于天然发光的物体。除此之外，恒星、萤火虫、水母也是自然发光的物体哟。它们都被称为自然光源。

　　后来，人们自己发电，发明了电灯，它是人造光源。

蜡烛、电灯、篝火等人们制造的光源，被称为人造光源。

光沿直线传播的

光在同种透明的均匀介质中都是沿着直线传播的，不会拐弯哟！漆黑的海上，远处的灯塔发出的光，就是沿直线传播的。

实验探索 🔍

小孔成像

准备材料：

蜡烛、扑克牌、缝衣针、晾衣架、打火机

实验步骤：

1. 用针在扑克牌的中间扎一个小孔。

2. 用晾衣架将扑克牌夹住，固定，放置在一面白色的墙的前面。

3. 将蜡烛放在扑克牌的正前方，用打火机点燃蜡烛，保持蜡烛的火苗和扑克牌上的小孔在同一水平线上，关灯，让环境尽可能地暗一些，仔细观察扑克牌后面墙上的"影子"。

4. 在墙上能够看到一个微弱的蜡烛火苗的光影，不过火苗的光影和真实的火苗相比是上下左右颠倒的哟。

实验原理：

光在同种透明的均匀介质中是沿直线传播的，由于扑克牌上的孔很小，火苗下部的光线通过小孔之后就跑到上面去了，同样，火苗上部的光线通过小孔会跑到下面去。如果将孔扩大一些，会有什么现象呢？可以继续尝试一下哟。（建议实验在家长陪同下进行，确保安全）

光的反射和折射

虽然光是沿着直线传播的，但是遇到了阻碍光的物体，这个时候光会怎样呢？

这个时候，光受到物体的阻挡，会发生偏折，从而改变照射路径，产生光的反射和折射。

一起来看看有哪些神奇的反射和折射现象吧！

真神奇！站在镜子前，就能看到自己的样子，这就是光的反射现象。

插入水中的筷子，筷子在水下的部分看上去向上弯折了，这就是光的折射现象。

光的色散

牛顿是第一个发现色散的人。当太阳光通过三棱镜后，就会被分解成红、橙、黄、绿、蓝、靛、紫七种颜色，这就是光的色散现象，我们看到的雨后彩虹就是这个原理。

为什么光会分解为七色

在 300 多年前，牛顿做了一个有名的三棱镜实验，他在著作中记载道："1666 年初，我做了一个三棱镜，利用它来研究光的颜色。在窗户上做一个小孔，让适量的日光射进来。我又把棱镜放在光的入口处，使折射的光能够射到对面的墙上去，当第一次看到由此而产生的鲜明强烈的光色时，我感到极大的快乐。"

通过这个实验，牛顿在墙上得到了这样的一个彩色光带，颜色的排列是红、橙、黄、绿、蓝、靛、紫。

雨后天空的七色彩虹

下过雨后，空气中飘散着很多小水珠，它们就像三棱镜一样，当太阳光照射到这些小水珠时，光线就会被折射及反射，分解成不同颜色的光，这些光按照一定的顺序由外圈至内圈呈红、橙、黄、绿、蓝、靛、紫七种颜色。所以说，彩虹是一种光的色散现象。

每种颜色的光弯折的程度不一样。光的波长决定了光的弯折程度，波长较长的光比波长较短的光弯折的程度小。

实验探索 🔍

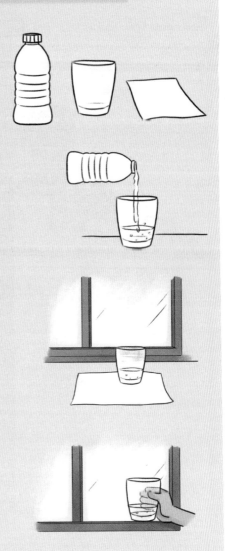

模拟一道彩虹

准备材料：
透明玻璃杯、清水、白纸

实验步骤：

1. 将清水倒入玻璃杯，约三分之一的量。

2. 将玻璃杯放到一个阳光充足的地方（窗边），举起杯子，放置好白纸，以阳光能透过杯子并照在白纸上为准。注意观察，白纸上会呈现出彩虹一样的颜色。

3. 实验过程中，可以尝试以不同高度拿着玻璃杯，看看还会有哪些效果。条件允许也可以在玻璃窗上洒上一些小水珠。

实验结果：

当阳光穿过玻璃杯时，会在白纸上形成"彩虹"。

奇异的海市蜃楼

你见过"海市蜃楼"吗？
它可是一种十分有趣的光的折
射和反射现象。

在海面、江面、湖面、沙漠或戈壁等地方，偶尔
会在空中或"地下"出现楼台、城郭、树木等幻景，
称为海市蜃楼。

海市蜃楼是一种因光的折射和反射而形成的自然现象，是地球上物体反射的光经大气折射而形成的虚像。

水面上（如海面、湖面、河面）

我们把海面的空气看作是由折射率不同的空气组成的，海面温度较低，靠近海面的空气密度较大，折射率也较大；上层温度较高，空气密度较小，折射率也较小。折射角大于入射角，当入射角大于临界角时便会出现全反射而向下折下来，地面景物的影像就会在空中形成，即海市蜃楼。

海面上的海市蜃楼

热空气

冷空气

陆地上（如沙漠、路面）

　　我们把沙漠上方的空气看作是由折射率不同的空气组成的，沙漠表面温度较高，靠近沙漠表面的空气密度较小，折射率也较小；上层温度较低，空气密度较大，折射率也较大。入射角小于折射角，当入射角大于临界角时便会出现全反射而向上折上去，地面景物的影像就会在地面以下形成，很像是有一个水面，看起来就像是平面镜成像，形成在下方的倒立的海市蜃楼。

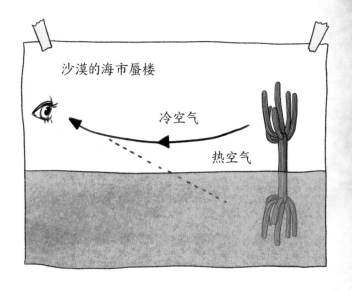

沙漠的海市蜃楼

冷空气

热空气

在沙漠中看到海市蜃楼，从远处观望，犹如水中的倒影。

如果一个人在沙漠里酷热干渴，看到这样的奇景，常常会误以为是发现了绿洲，但是一阵风过后，眼前的景象却又消失了。

影子是光捣的鬼

　　光沿直线传播时，遇到不透明的物体，就会在物体后面形成与物体轮廓相似的黑暗区域，这个就是影子。

　　一起发现影子呀

　　在与"光"嬉戏中，形"影"不离。

　　皮影戏是一种民间戏剧形式，是一种以纸板做成的人物剪影来表演故事的民间戏剧。表演时，人在幕布后面操纵影人，产生图像移动的感觉。

　　表演者在幕布后边用皮影挡住光，因此在幕布前就出现了暗斑，于是出现了多姿多彩的皮影戏。

消失的月亮

夜空中，月亮先是消失了一小部分，过了一会儿，又消失了一大半，最后整个月亮都消失不见啦！这难道就是"天狗把月亮吃了"？

其实，是因为地球遮住了太阳射向月球的光，导致月球无法反射太阳光，所以月球看起来缺了一块，这种现象就叫月食。

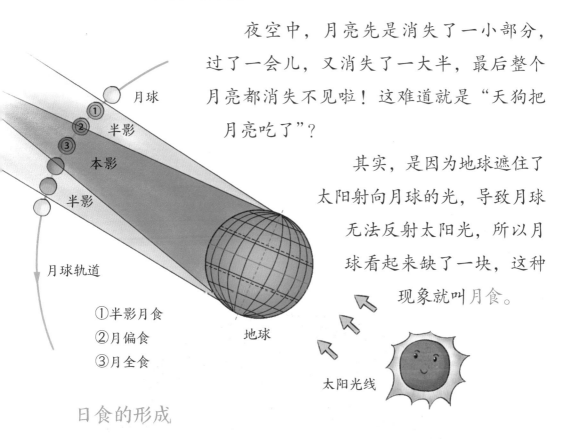

月球
①
半影
②
③
本影
半影
月球轨道

①半影月食
②月偏食
③月全食

地球

太阳光线

日食的形成

当太阳、地球和月球转到一条直线上，并且月球位于太阳和地球中间的时候，太阳射向地球的光就会被月球挡住，这个时候月球的影子就落在了地球上，处在影子里的人们就看到了日食。

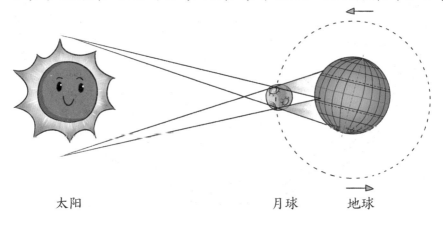

太阳　　　　　　　　月球　　地球

五彩缤纷的万花筒

　　万花筒里装着一个五彩缤纷的世界。透过筒眼往里望，美丽的图案随着转动的筒身不断变化，变化出不同的花样，不断地转，图案也在不断变化，所以取名为"万花筒"。

　　其实，万花筒是一种光学玩具，是利用等边三角形的镜面相互反射原理，使彩色玻璃形成有规律的美丽图案。

自制万花筒

小朋友，你想拥有自己的五彩缤纷的世界吗？让我们一起动手吧!

准备材料：

纸筒、透明塑料卡片、
彩色纸、反光纸、胶棒、胶带、
剪刀、彩色纸屑、彩色珠子

制作步骤：

1. 将漂亮的彩色纸贴在纸筒上作为装饰。

2. 将反光纸切成适合纸筒的大小，所形成的三角形要正好卡在纸筒内哟!

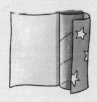

3. 将反光纸折叠成一个等边三角形，用胶带固定，反光面要在内侧。将三角形反光纸插入纸筒。

4. 在透明塑料卡片上剪两个圆片。将其中一个圆片与留有空隙那侧的反光纸粘贴固定。

5. 将彩色珠子和彩色的纸屑适量放在上面。

6. 将第二个塑料圆片放在纸筒的末端，并用胶带固定。

7. 在纸上剪 个纸筒大小的圆片，并在中心切一个洞，再用胶带固定在另一端上。这样万花筒就做好了!

为什么天空是蓝色的，火烧云又红又黄

　　太阳光可以色散，一道白光可以分解出红、橙、黄、绿、蓝、靛、紫七色。可是为什么天空是蓝色，晚霞却是红、橙、黄色的呢？原来，这一切都是太阳光被大气层散射引起的。

太阳光经过地球的大气层到达地面。太阳光射入大气层后，与空气和水蒸气相撞并向四面八方散去，这种现象叫作光的散射。

当太阳光经过大气层时，波长短的蓝、靛、紫光就被散射。由于紫光刚进入大气层时，绝大部分被大气吸收，所以天空就呈蔚蓝色。

红、橙、黄光波长较长，它们穿透力比较强，直接到达地面，所以，黄昏时刻人就看到红、橙、黄色的晚霞。

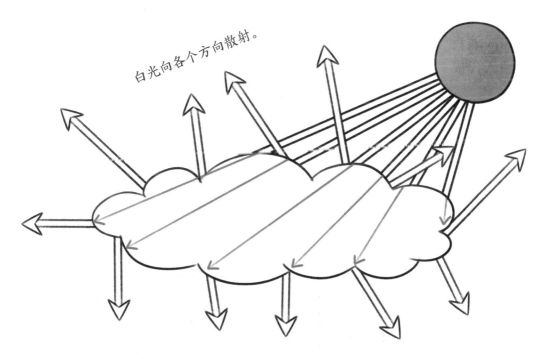

白光向各个方向散射。

部分阳光穿透云层。

看不见的光

光谱上有红外线、可见光、紫外线。其中红外线和紫外线为不可见光。

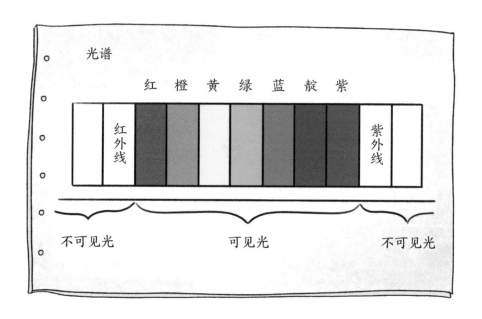

光谱

红 橙 黄 绿 蓝 靛 紫

红外线

紫外线

不可见光　　　　　可见光　　　　　不可见光

红外线

红外线位于红光之外，人眼看不见。一切物体都能向外辐射红外线。温度越高，辐射的红外线越多。

← 烧红的铁球辐射大量红外线。

人生病发烧时体温升高，红外线辐射也增强，利用红外线测温仪可以测量人的体温。

红外线可用来进行遥控，例如，电视机红外线遥控器。

紫外线

光谱紫光端以外，有一种看不见的光，叫作紫外线。适当的紫外线照射有利于人体合成维生素D，促进对钙的吸收，有利于骨骼生长。但过量的紫外线对人体有害。在我们的生活中，紫外线也有很多应用，一起来看看吧！

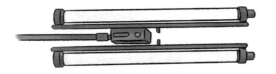

← 病房紫外线消毒灯，可以杀死微生物，起到消毒作用。

紫外线可以用在美甲仪器中，利用紫外线的特性进行光化反应，有良好的烘干、美甲液固化和杀菌作用。

关灯后，光去哪里了

晚上天黑了，当我们在屋子里把灯打开，整个屋子都会被照亮。但当我们关灯后，整个屋子又变暗了。那么刚刚照亮屋子的光线究竟去哪儿了呢？

打开灯，屋子被照亮，这是因为光的反射与散射作用。

关灯后，屋子会瞬间暗下来，光就会被物质吸收。因为光具有能量，光被物质吸收的过程其实就是光携带的能量转移的过程。光的能量在很短的时间内就会被大气分子和其他物质所吸收，从而转化为空气和物质的内能。加上光子的运动速度又如此之快，所以很快位于可见光波段的光子就消失了，眼睛自然也就看不到了。

黑暗中，有的动物的眼睛有些吓人

有的动物为了更好地适应黑夜，眼睛能够在夜晚"发光"，看着吓人，但又不得不引起人们的好奇心。生活中最常见的在晚上眼睛会"发光"的动物大概就是小猫、小狗了。

那么，它们的眼睛为什么能够"发光"呢？

其实这些眼睛会"发光"的动物并非眼中有发光的细胞，而是在它们的眼底有一层可以反光的膜状结构，叫作照膜。

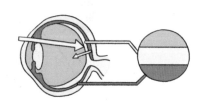

科学研究证实，人类看到物体所需要的光源，小猫只要六分之一就足够了。

照膜，就好像一面小镜子，可以将透过视网膜的部分光线重新反射回视网膜上，让视网膜上的感光细胞二次接受光的刺激，从而提高了对光线的利用率，因此这些动物黑暗中的视力比人的好得多。

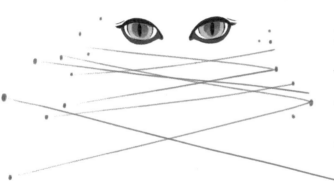

这个照膜特别强大，即使周围有很微弱而且分散得很开的红外线，这些动物的眼睛也能收拢聚合，然后在视网膜上形成像。

晚上眼睛会"发光"的动物还有我们熟知的熊、狐狸、豹、猫头鹰、浣熊，以及其他部分夜行性动物，比如蝙蝠。

浪漫的萤火虫，它们的尾巴会发光

　　黑夜，萤火虫一闪一闪地飞来飞去，就像夜空里的星星落入了凡间。那么，小小的萤火虫为什么会发光呢？

发光器

因为在萤火虫腹部末端有一个"发光器",里面藏着大量的发光细胞、反光细胞等。而且在萤火虫的体内还有一种能让萤火虫发光的化学物质,该物质叫作荧光素酶。萤火虫通过荧光素酶的作用发出光芒。

交流信息

此外,萤火虫发光的主要作用是交流信息。不同种类萤火虫的发光方式、发光频率会不同,它们借此来传达不同的信息。

当萤火虫受到惊吓时,会自动关闭光亮防止天敌发现自己,所以在人类手里,萤火虫基本是不发光的,放飞的萤火虫也很少发光。

第三章 这就是物质材料

认识物质材料

物质是什么

　　我们生活中所见到的物体都是由物质构成的，常见的物质状态有固态、液态和气态。没有物质，就不会有我们生活的这个世界。

　　固态物质：有一定体积和形状，无流动性。

　　例如：食物、石头、木头、玻璃瓶。

　　液态物质：可以自由流动，没有固定形态。

　　例如：可以喝的水，好喝的饮料。

气态物质：它可以流动、变形、扩散，假如没有容器或者力场的话，体积不受限制。

例如：空气、天然气、沼气。

物质的状态构成

很早以前，有一名化学家叫阿伏伽德罗，他提出了分子假说，认为物质是由分子组成的。

分子很小，小到我们用肉眼根本看不到，所以在当时无法被大多数人认可。

后来又有一位植物学家布朗发现了花粉颗粒可以在水中自由运动，这种运动被称为"布朗运动"，为后来分子运动论的研究打下了基础。

固体分子运动：就像是教室里正在上课的学生，即使活动也是在自己的座位上，没什么大的动作。

液体分子运动：相对比较活跃，就像课间时教室里的学生。

气体分子运动：比较剧烈，就像操场上到处乱跑的学生。

物质状态的变化

物质在吸收热量或放出热量时，会由一种状态变化为另一种状态，这个过程叫作物态变化。

物态变化包括：凝固、熔化、液化、汽化、升华、凝华。

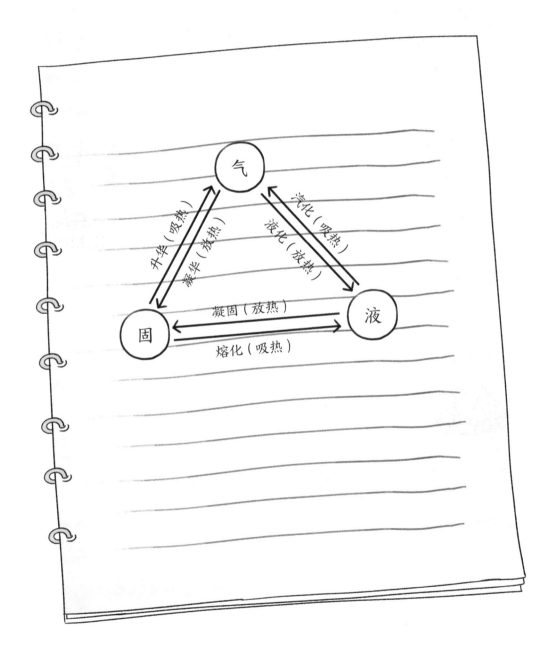

降雪，水蒸气如果遇到冷空气，就会凝结成雪降落到地面。

水蒸气（气态）凝华为雪（固态）。

湿衣服在太阳光照射下，很快就变干了。

湿衣服中的水（液态）汽化为水蒸气（气态）。

灯泡用久了就会从透明变成黑色，这是因为里面固态的钨丝长期在受热的情况下形成钨蒸气，最后钨蒸气又遇冷，在灯泡内壁上形成一层固态钨。

钨丝（固态）受热升华变成钨蒸气（气态），遇冷又凝华成固态钨。

冬天天气很冷，一大早拉开窗帘，发现家里的窗户上出现了很多漂亮的冰花。

水蒸气凝华成冰晶。

有意思的物质材料

为什么我们看不到空气

　　纯净的水是无色透明的，干净的空气也是无色透明的，人眼看不见空气，却为何能够看见水？

我在 X 光的照射下居然可以隐身透明。

　　透明是对可见光来说的。一些在可见光下不透明的物体，在波长更短、频率更高的 X 光照射下就是透明的。木材在可见光下不透明，但在 X 光下却是透明的。

许多气态和液态物质都是透明的，固态物质中只有少数是透明的。空气里有数不清的空气分子，空气分子特别喜欢到处跑，不喜欢紧紧地抱在一起。

当光照进空气分子的时候，由于空气几乎不反射光，空气分子能挡住的光太少了，所以被反射回来的光，你是看不见的。

我们生活在空气中，只能通过感知空气的流动（也就是风）来发现它，当起风时，就能真真切切地感受到空气的存在。

世界上神奇的物质

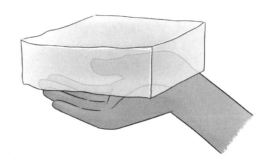

最硬的物质 ↗

金刚石璀璨夺目，是地球上最硬的物质。因为它拥有非常稳定的晶体构造，所以非常坚硬。常常被用于制作切割、钻孔、研磨等工具。除此之外，金刚石还被用作很多精密仪器的零部件。

最轻的物质 ↗

气凝胶是世界上密度最小的固体，人们还给它取了一个外号叫"凝固的烟"。它的内部是多孔的网状结构，所以非常轻。常常被人们用于制造航天服、滑雪服、睡袋。

最薄的物质

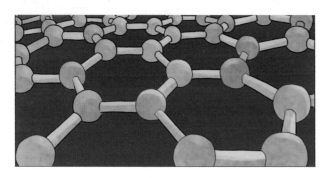

石墨烯是目前已知最薄的材料，厚度只有0.335纳米，20万片的石墨烯叠加起来也只有一根头发的厚度，被称为"新材料之王"。常常被用于制造传感器、晶体管等。

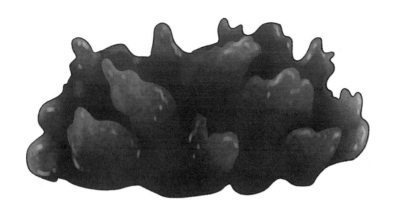

最易燃的物质 ↗

三碘化氮是地球上最容易爆炸的物质之一，它在干燥状态下任何轻微的接触都可能引发爆炸，因此，人们还无法将它用于实际的工业生产中。

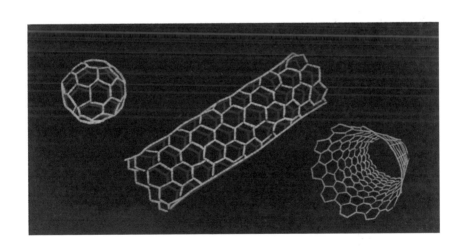

最黑暗的物质 ↗

"Vantablack"的材料由碳纳米管制成，可吸收照射其上的99.96%的光线。肉眼根本无法分辨其形态。

冰为什么很滑

下雪了，雪踩来踩去就变成了冰，有冰就会变得很滑，走在路上，稍微不注意，就滑倒了！

冬季滑冰是一项体育运动项目，运动员们在专业的冰场上"驰骋"，非常厉害。

可是，冰为什么这么滑呢？其实是因为冰上面有一层薄薄的膜。

水膜

当我们站在冰面上时，鞋并不是与冰面直接接触，而是隔着一层具有流动性的水膜。水膜真的存在吗？科学家经过反复研究，最终用一个类似音叉的装置和毫米级的玻璃珠巧妙地证明了这层水膜的存在。

润滑作用

这层水膜并不是单纯的水，而是水和冰的混合物。它的黏性比普通的水要大很多，几乎像油一样黏稠。在负载物体时，这层冰水混合物既表现出来固态冰的弹性，也表现出来液态水的黏性。这种黏弹性使得它不容易从间隙中被挤出来，可以始终隔在内层冰与冰刀或鞋底之间，阻止其直接接触，从而起到良好的润滑作用。

为什么鸡蛋煮熟后会变成固体

鸡蛋在煮熟之前还是液态的，煮完之后蛋黄和蛋白就都变成固体了。为什么鸡蛋煮熟会凝固呢？这是什么原理呢？

蛋黄   蛋白

煮熟前

鸡蛋的主要成分是蛋白质和脂肪。

煮鸡蛋中

煮鸡蛋的过程中，从沸水中传递过来的热量会使蛋白质分子内部的一些化学键断裂开来，破坏蛋白质的结构，同时又会形成新的化学键，使得蛋白质交联成一种较为坚固、略有弹性的状态。

鸡蛋煮熟了

在这个过程中，鸡蛋里的脂肪和水分都会被包裹在蛋白质中，鸡蛋就会变硬了。而且这种变化是不可逆转的，所以即使鸡蛋被放凉后，也不会恢复成原来的液体状态。

如何煮出溏心蛋和温泉蛋?

通过适当控制温度就可以煮出不同口感的水煮蛋。

如果让鸡蛋蛋白尽快达到70℃左右凝固，然后快速冷却，就能够煮出蛋白凝固而蛋黄有流动性的溏心蛋。

如果维持在70℃左右慢慢地煮，就能够煮出蛋黄凝固而蛋白水嫩的温泉蛋了。

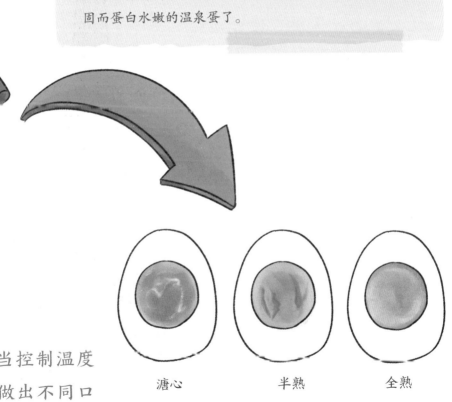

溏心　　　半熟　　　全熟

适当控制温度还可以做出不同口感的水煮蛋哟！

埃菲尔铁塔"长个"了，你发现了吗

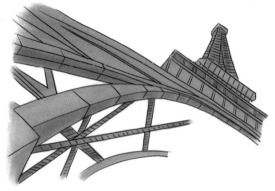

埃菲尔铁塔的建造材料是钢铁，受温度影响，会出现热胀冷缩的情况。

冬天天气冷时，埃菲尔铁塔的钢铁要收缩。等到夏天高温环境下，钢铁会发生膨胀，埃菲尔铁塔就长高了。这个膨胀的高度能达到约17厘米的样子。

更有趣的是，在夏天，埃菲尔铁塔靠近太阳一侧的铁会因为受热而膨胀。早晨，铁塔会向西倾斜100毫米，中午，铁塔则会向北倾斜770毫米，当夜幕降临时，铁塔才会是笔直的。

17cm

100mm

早晨

晚上

第四章 运动与力

认识运动与力

什么是力

　　力是物体对物体的作用，虽然看不见摸不着，但我们能感受到。我们认识力，研究力，并把它应用到我们的生活和工作中。力看不见，却真实存在。

　　当你提起水桶时，需要用力。

　　当你划船时，更需要用力。

　　当你推门时，也需要用力。

常见的力有哪些

　　在生活中我们常常会见到各种各样的力，摩擦力、重力、浮力、弹力……

摩擦力

阻碍物体相对运动或相对运动趋势的力，叫摩擦力。

例如：汽车在路上飞驰的时候，突然刹车，产生尖锐的声音，并留下车胎痕迹，这就是摩擦力导致的。

重力

物体由地球的吸引而受到的力，叫重力。

例如：打球的时候，把球抛向天空，最后它还是会落下来，是因为受到了重力。

浮力

浸在液体或气体里的物体会受到竖直向上的托力，这种力叫浮力。例如：落叶掉落在水中，浮在水上面。

弹力

发生了弹性形变的物体，由于要恢复原来的形状，对跟它接触的物体会产生力的作用，这种力叫作弹力。我们常常说的压力、推力、拉力都是弹力。

例如：孩子们玩的蹦蹦床，孩子被弹起来就是因为受到蹦蹦床给他们的弹力。

力能改变物体的运动状态

如果想让物体从静止变为运动，就需要力。在很早的时候，古希腊哲学家亚里士多德提出：力是物体维持运动状态的原因。这是错误的！

他认为力作用在物体上，物体才能运动，如果力消失了，物体就会停下来。例如，用力推动箱子，箱子才会动。撤去推力，箱子在摩擦力的作用下停下来。这些都只能说明力是改变物体运动状态的原因。

有趣的力无处不在

水池中，小鸭子在水中游来游去。（浮力）

人走在路上，手里拿着的物体不会滑落。（摩擦力）

后来，物理学家伽利略又提出了反对意见，他认为，物体会停下来不是因为力消失了，而是因为物体受到了阻力，比如摩擦力。

伽利略

牛顿

他让滑块从斜面上滑下，逐渐减小水平面的粗糙程度，滑块滑得就会越来越远。推测出如果水平面非常光滑，滑块没有受到摩擦力，它就会一直运动下去。

再后来，牛顿将伽利略等人的观点加以补充并整理成了一条定律——一切物体在没有受到外力作用的时候，总保持静止或者匀速直线运动状态。

天空中飞起来的气球。（浮力）

司机踩刹车，汽车停下来。（摩擦力）

小孩在拍弹力球。（弹力）

苹果熟了，从树上掉下来了。（重力）

为什么潜水艇可以在海里实现自由沉浮

　　说到潜水艇，小朋友们并不陌生，它既可以在水面上工作，也可以在低于水面几百米甚至几千米的海底世界中自由遨游。它的工作原理是什么呢？

　　潜水艇能够自由上浮下沉，是因为它在水中受到一种能够将它竖直向上托起的力，这种力叫作浮力。

浮力，其实一点儿也不神秘！鸭子、小船能漂浮在水面上就是水的浮力的功劳。

冰山，是漂在海上的巨大冰块。它的大部分都隐藏在水面之下，只有大约十分之一露出了海面。原来，浮力的大小和物体排开的水量有关系，排开的水越多，浮力就越大。

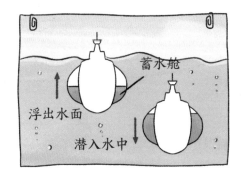

我们再回到潜水艇，潜水艇可以浮出水面，也可以潜入水中，这是为什么呢？当物体的重力大于浮力时它就会下沉；小于浮力时就会上浮；等于浮力时就会悬停在液体中。当潜水艇要下潜时，就往蓄水舱中注水，使重力超过它的浮力，就可以下沉；将蓄水舱中的水排出，潜水艇的重力减轻，就可以上浮。

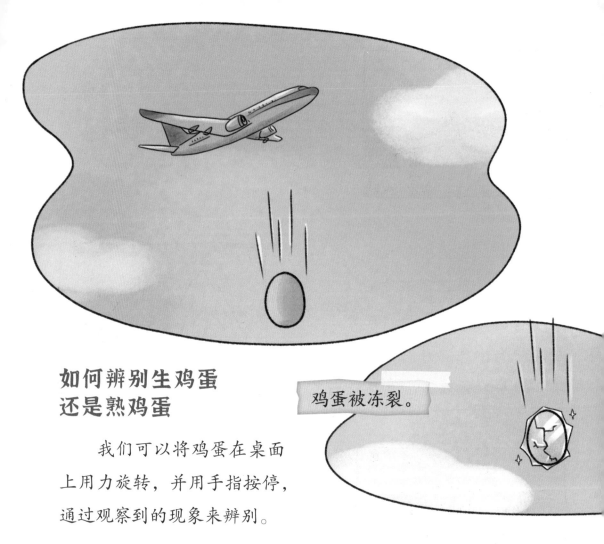

鸡蛋被冻裂。

如何辨别生鸡蛋还是熟鸡蛋

我们可以将鸡蛋在桌面上用力旋转，并用手指按停，通过观察到的现象来辨别。

生鸡蛋

当蛋壳被手指按停后，由于惯性，内部的蛋白和蛋黄会继续维持这种旋转状态；当手指再次松开后，内部蛋白和蛋黄会带动蛋壳继续旋转。

熟鸡蛋

内部蛋白和蛋黄已是固态，当蛋壳被手指按停后，蛋白和蛋黄也被迫在极短时间内停止旋转；当手指再次松开后，整个鸡蛋不会继续旋转。

假如从飞机上扔下一枚生鸡蛋，鸡蛋落地时会是熟的吗？

我们常见到天空中载客的飞机，当它飞在万米高空时，假如扔下一枚生鸡蛋，会发生怎样的变化呢？

当鸡蛋被扔出后，很快会被冻裂，因为高空的温度在零下 40 多摄氏度。随着鸡蛋不断下降，气温会随着海拔降低而上升，加上鸡蛋与空气摩擦也会产生热，鸡蛋会逐渐解冻。但是，解冻的那一刻，由于强大的摩擦力，鸡蛋会碎成渣，而里面的蛋液也会散落开来。

鸡蛋与空气摩擦发热了。

鸡蛋碎成渣。

加速摩擦，钻木取火

点火对于我们而言再容易不过，只需要一根火柴或者一个打火机就能搞定。火柴依靠快速摩擦产生的热来点燃火柴头中的易燃物，机械打火机则是利用铁轮去摩擦打火石。

那么，在生产技术落后的远古时期，我们的祖先又是通过怎样的方式来点火的呢？

在燧人氏时代，人类还处于蒙昧阶段，有人偶然发现啄木鸟用尖长的嘴在树木身上小窟窿里找虫子吃，由于虫子钻得深，啄木鸟嘴够不着，只好用尖硬的嘴去钻，不料却钻出浓烟火种。受到这个偶然发现的启发，人类的钻木取火从此就开始了。

钻木取火其实是利用摩擦生热的原理，摩擦的过程中，物体表面分子相互碰撞，导致物体温度升高，内能增加。

想一想,还有哪些摩擦生热的现象?

天冷的时候,我们的手如果感到冷,常常会用两只手搓一搓来取暖。

滑滑梯时,感到屁股发热。

好神奇，我们可以站立在地球上

　　地球是人类赖以生存的星球，它的形状近似球体，因为有地心引力，我们才被它紧紧地吸附在上面，而人类是可以直立行走的灵长类动物，所以人类是站在地球上的。

地心引力

一切物体之间都可以产生互相吸引的作用力。地球对其他物体的这种作用力，叫作地心引力。

地球对物体的引力方向是指向地球的，人站在地球上的任何位置，都会有吸引力把人牢牢地"拉"向地核，所以，人不会"掉"出去。

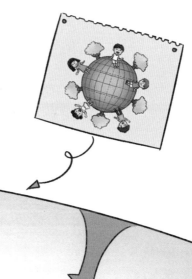

地球是圆的，那地球上的人是怎么站立的？

生活中我们觉得大地是平的，其实是在一个大球的圆弧面上。在这个大球上不管什么位置，地球的引力使我们总是脚向着大地、头向着天空。

月亮为什么不会掉下来

如果想知道月亮为什么悬在太空中没有掉下来，那就不得不先了解一下两个物理名词。

离心力

月亮是地球的卫星，它总在绕着地球转，可又有一种要脱离地球的力，通常人们把这种力叫作离心力。实际上离心力是一种虚拟的力，它只是惯性现象的一种表现。

吸引力

地球有着一种超强的吸引力，吸引着我们。例如：投篮时，扔得很高，但依旧会落在地上。

地球用它的吸引力拉着月亮，阻碍月亮由于惯性而做的离心运动。因此，月亮就只能在围绕地球的轨道上绕行，既不会掉下来，也离不开地球。

在宇宙中，恒星、行星、卫星等天体，都是按照一定的轨道运行的。地球绕着太阳转动，月亮又绕着地球转动。

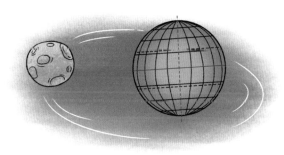

遨游太空大冒险

在宇宙飞船中，物体会飘在空中，水滴呈圆球状，气泡在液体中将不上浮。

宇航员站着睡觉和躺着睡觉一样舒服，但走路务必小心，稍有不慎，将会"上不着天，下不着地"。

在太空中，食物要做成块状或牙膏似的糊状，否则食物将随意地"飘浮"在空中，甚至一些小的食物碎屑还可能进入宇航员的眼睛、鼻孔里。

失重并不是失去重力，只是让人感觉好像"失去了重力"。

例如：我们在蹦蹦床上跳起来落下去的时候就能体会到一种失重的感觉。

　　太空中为什么宇航员以及他们的食物都会是飘浮的状态呢？那是因为，他们处在失重状态下。物体的重力是因为物体和地球的万有引力产生的，然而在太空中，这种引力用来使自身能绕地球高速旋转。可见，重力不是消失了，只是人们感觉不到而已。

树木为什么无法长到天上去

你肯定听说过"参天大树"这个词语吧，但实际上，没有树木能真的"参天"哟！因为，树木是不能无限长高的。

一棵小树苗，种在地上，每天被阳光沐浴、大地滋养、雨水浇灌，渐渐地长成大树，但是为什么树木无法真的长到天上去呢？

这是因为植物的生长离不开水、空气和阳光。

水

树木受地球引力的影响。地球引力的存在阻碍了水分在树木内部的运输，尤其是将水分运输到树木的顶端更困难。

世界上最高的树

目前，已知的世界上最高的树木是生长在澳大利亚的杏仁桉树，最高的达到了156米，相当于50层楼的高度！

空气

空气中的成分会随着海拔的升高发生变化，这是因为各种元素的密度不一样。越高的地方，二氧化碳就越稀薄。从树底到树顶，二氧化碳会越来越少。

阳光（阳光照射）

树木越高，就需要越多阳光，而阳光的照射越强，树木需要的水也就越多。

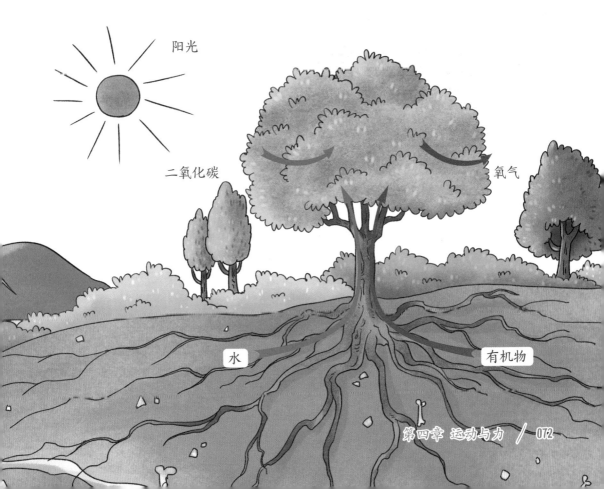

阳光

二氧化碳

氧气

水

有机物

徒手抓子弹

当物体对我们而言运动的方向、速度的大小相同，彼此之间的距离就会保持不变。一个物体对另一个物体来说，是相对静止的。

生活中有很多有趣的相对静止的现象，我们一起来看看吧！

两个并排跑步的人，他们速度和步调都一致，他们是相对静止的状态。

麦田里的收割机与拖拉机是相对静止的。

两列火车向着同一方向、以相同的速度并排行驶时，旅客从车窗看对面的火车会觉得它好像停在那里一样。

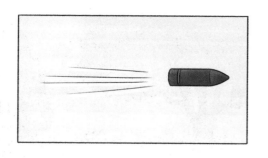

基于这一理论，徒手抓子弹就很容易啦！只要让你的速度和子弹的速度一样快，子弹相对于你来说就是静止的，就可以轻松地抓住它。

　　然而，这种抓子弹的速度只是假设理想情况下，毕竟子弹的速度非常快。一般来说能达到这样的速度，只有坐在飞机上才能满足条件。

刻舟求剑

　　《刻舟求剑》的小故事中，就是因为那个人忽略了运动和静止的相对性，所以才导致没能捞出剑。如果以水为参照物，船是运动的，掉进水中的剑则是静止的，所以最后船靠岸，自然捞不到剑。

第五章 神奇的电

电是什么

我们的生活离不开电，没有电，家里的电灯、冰箱都不能工作。那么，电到底是什么？

电是一种很神秘的东西，看不见、摸不着、闻不到，也抓不住，我们却可以通过各种电器感知它的存在。

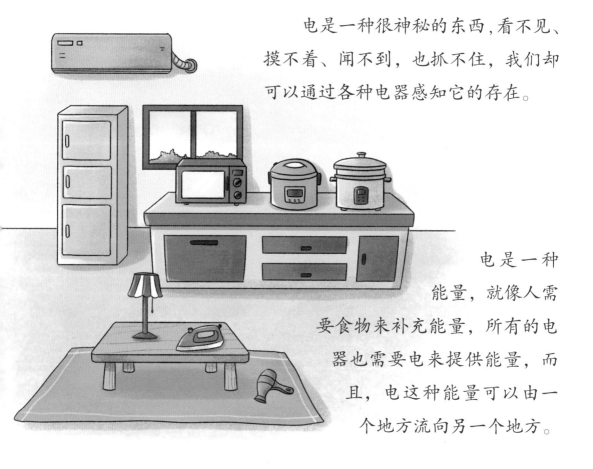

电是一种能量，就像人需要食物来补充能量，所有的电器也需要电来提供能量，而且，电这种能量可以由一个地方流向另一个地方。

电第一次有了名字

在 2500 多年前，古希腊人泰勒斯发现了用毛皮摩擦过的琥珀能吸引绒毛等轻小的东西。后来这种现象被证实，物理学家吉尔伯特发现了这种"神力"的奥秘，原来是摩擦后产生的，并给它取名为"电"。

电的生存环境

由于电不能被我们直接接触，为了能使用电，人们为电找到了新

的生存环境，也就是电路。一个基本的电路，是由电源、开关、导线、用电器四个部分组成的。

导体和绝缘体

通常来讲，容易导电的物体就是导体，不容易导电的物体就是绝缘体。

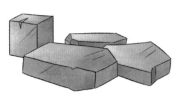

自然界中导电的物体有很多，如金、银、铜、铁、铝等，除此之外，还有大地和人体也是导体。绝缘体有干木头、陶瓷、塑料、橡胶等。

有意思的电现象

下雨天，闪电从哪里来

自然界没有发电机，这些电是怎么来的呢？

在夏季，高空中有许多云团在运动，云里面会有大量的水汽。云在运动的过程中相互摩擦，让云层带电。

巨大的电流沿着一条传导气道从地面直向云涌去，产生一道明亮夺目的闪光。

带负电的电子，会积聚在云的底部。而地表尤其是突起的位置会带有正电，比如树顶、屋顶、山坡都带有正电。

当云底部的负电量达到一定程度的时候，电子就会从云底部跑到地面正电的物体上去，产生"跨越天空"的放电。

家里的电是从哪里来的

灯火通明的街道、闪亮耀眼的霓虹灯、电脑、电视、电灯、电梯……

电已经充满了我们的生活，那么，电是怎么来的呢？

开关

电线

日常生活中，我们使用的电主要来自其他形式能量的转换，运转的发电站只是能量转换的地方。

发电站中有一块巨大的磁铁，当它运转起来的时候，线圈中的电荷定向移动，于是就产生了电流。

电流在电线里奔跑，最后分散在各个用电角落。

当电到达你家电灯的时候，打开开关，灯就亮了。

当你使用电水壶的时候，就能烧热水了。

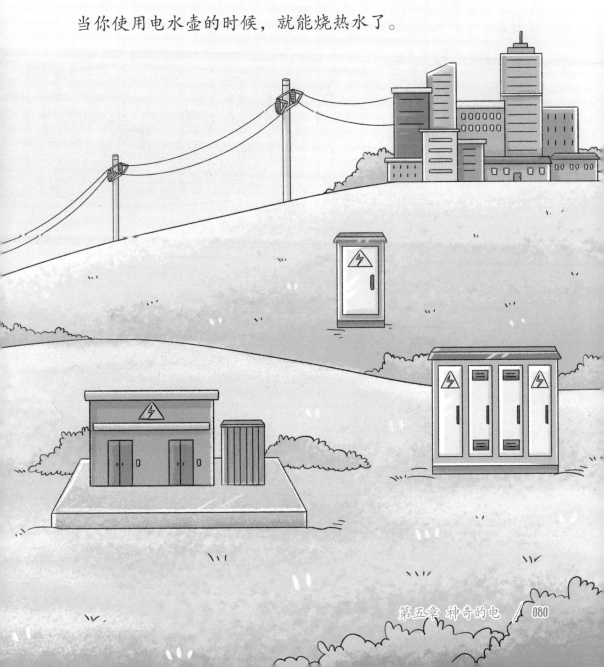

哎呀，我的头发飞起来了

冬天，当你梳头发的时候有没有听到过噼里啪啦的声音？尤其是长头发的女生，梳头发时，头发会飞起来，这是怎么回事呢？

静电是一种正常的物理现象，会出现在干燥的头发上、干燥的皮肤上，就连干燥的空气也会产生静电。我们一起看看静电产生的过程吧。

1. 走过地毯，脚和地面摩擦产生大量静电。

2. 脚滑过或走过的时候，如果太过用力，也会有放电现象。

3. 秋、冬季空气比较干燥，人体跟衣服摩擦产生大量静电。

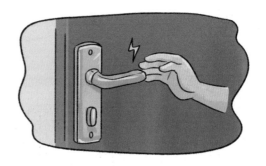

4. 当手触摸到金属门把时，手上的静电就会通过门把放电，形成电流。

其实大自然里到处都有它的存在。从一粒灰尘在空中飘荡，到震天动地的电闪雷鸣，都有静电的作用。当两个物体摩擦的时候，就会出现"摩擦起电"现象。

毛衣发出啪啦啪啦的声音。

摸把手被电到了。

"爸爸，你电到我了。"

汽车突然跑电了。

这个电器产生静电。

这个加油站产生静电。

电线为什么要用塑料皮包裹才行

　　电缆的结构一般由导体、屏蔽层、绝缘层和护套组成。

　　为了防止裸露的电线短路造成设备损坏，以及防止漏电对人体造成的危险，电缆必须加绝缘保护层，这样可以使电缆中的相邻导体或导体与周围环境之间绝缘，防止短路和触电。

　　在电线电缆绝缘材料中，塑料和橡胶两大类高分子材料已占主导地位，塑料绝缘材料的电缆因为结构相对简单、制造加工方便、重量轻、安装方便等优点被广泛应用于低压电缆。

铜丝

橡胶绝缘层

保护套

保护铜丝

　　电线外面包的橡胶是为了保护里面的铜丝，也是为了防止出现漏电，保护人体安全。

但是，橡胶使用时间太久，容易老化、破损，甚至发生漏电现象，特别危险。如果你在路上遇到断掉的电线，一定不要靠近哟！

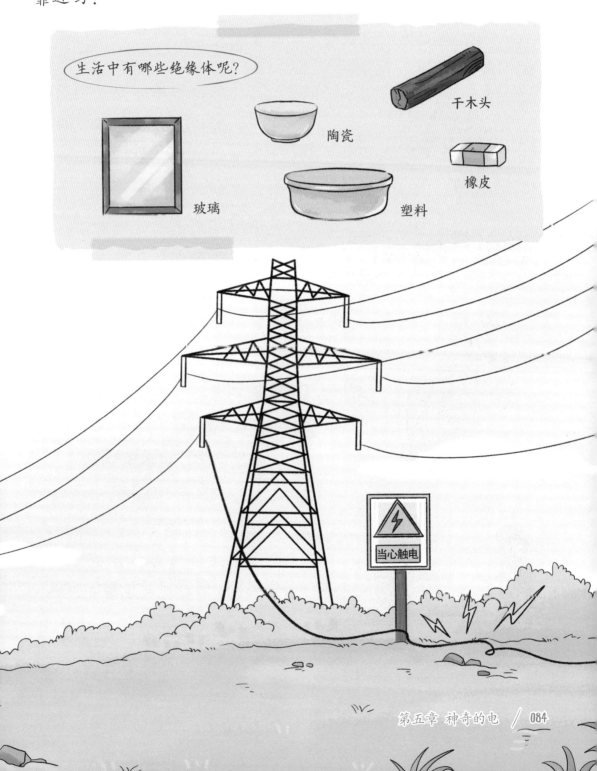

生活中有哪些绝缘体呢？

干木头

陶瓷

橡皮

玻璃

塑料

当心触电

电池里的电是从哪里来的

生活中我们经常用到电池，但是我们拿着电池，却感觉不到电的存在。把电池放在手电筒或遥控器等设备上，电池就可以工作了，那么电池里的电是从哪里来的呢？

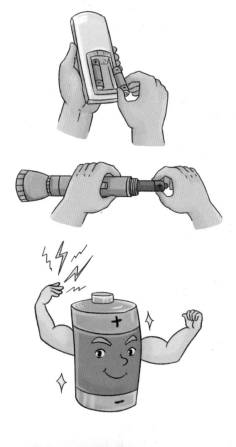

干电池就像一个小小的发电厂，可以直接把化学能转化为电能。电池凸起的一端叫正极，平整的一端叫负极，内部装有叫电解液的化学物质，把电池的两个电极与电器的电路连在一起，然后打开开关，电池里的电解液就会发生化学反应释放出电子，电子从电池的负极出发，经过电器的电路向正极流动就产生了电流，电能就这样被生产出来了。

我们要注意的是，电池里的化学物质对身体是有害的，所以千万不要把电池拆开来玩，也不要随意丢弃，因为这种化学物质流出来会污染环境。

废旧电池一定要集中到一起，进行专业的回收，避免污染环境。

如何判断电池里面有没有电？

把电池正极朝上，负极朝下，在距离桌子2~3厘米的半空自由落下。

如果电池没有反弹，还能站起来，就说明电池里面还有电。

如果电池反弹了，不能站起来，说明电池里面已经没电了。

实验探索 🔍

一起看看电池的作用！

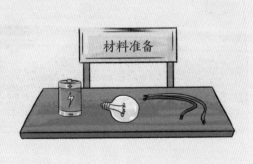

材料准备

准备材料：

灯泡1个，干电池1节，导线2根。

实验步骤：

1. 将导线分别拧到装有导线的灯座插口上。

2. 将两根导线另一端的塑料皮割开，露出金属线。

3. 将露出的金属线分别接触到干电池的正负极两端。

实验结果：

灯泡亮起来了。

雷电与避雷针

其实发生雷电时是非常危险的，它可能会破坏建筑物，甚至会夺走人的生命。后来人们为了防雷，经过长时间的研究，发明了"避雷针"。

避雷针是一种可以避免建筑物被雷直接击中的装置。避雷针也可以被认为是引雷针，就是将周围的雷电引来并提前放电，雷电电流通过自身的引入线导向大地，避免周围建筑遭雷击。

据记载，在我国南北朝时期就出现了为防止雷击而在建筑物上安装的不同形式的"雷公柱"。

发现避雷针

　　下着大雨的一天，富兰克林用风筝做了一个实验。他拿着风筝，在麻绳的末端挂上了一根丝带和一把钥匙。随后他来到一片开阔地，在黑压压的乌云底下，把风筝放向了天空。

　　突然，一阵震耳欲聋的雷电闪过天空，富兰克林发现，一朵蓝色的火花从他的手指和钥匙之间一闪而过。富兰克林感觉自己全身麻了一下，他大喊道："是电，我抓到天上的电了！"

　　后来，富兰克林根据这一实验，发明了避雷针。

小心触电，注意安全

电是一种方便的能源，它能为我们的生活带来巨大的财富和方便，改善了人类的生活。但电也是危险的，如果在生产和生活中不注意安全用电，也会带来灾害。所以正确掌握安全用电知识，确保用电安全至关重要。

购买质量合格的电器，切莫贪图便宜购买"三无"电器产品，禁止使用劣质电器。

正确使用家用电器，不超负荷用电。

不用潮湿的手触摸插座和开关。

远离高压线和变压器。

雷雨天气，不站在高处和树下，不打电话，不做户外运动。

电器着火要正确使用灭火器灭火，不要用水灭火。

有人触电怎么办？

发生触电事故时，应立即拉下电源开关或拔掉电源插头。若无法及时找到或断开电源时，可用干燥的竹竿、木棒等绝缘物挑开电线，将脱离电源的触电者迅速移至通风干燥处仰卧，及时拨打电话呼叫救护车，并进行正确急救。

人怕被电，而小鸟站在高压电线上为什么没事呢

　　小鸟总是喜欢在电线杆上停留，一点儿都不担心会被电到。可是对于人类来说，却不敢接触电线，难道是小鸟身上自带"防电装置"吗？

　　电源分为正负两极。在正负两极之间连接上导体，电流就会从导体上流过。

电流来了

　　人和小鸟都是导体。但小鸟体积非常小，只站在一根电线上，无法产生回路电流，所以不能触电。

　　人站在地上，手触碰到高压线路，高压线与大地之间就形成了电压，电流就会通过人体流向大地，这就是人触电的原因。

第六章 磁真好玩呀

认识磁

磁被发现了

古代，人们发现了一种能吸引铁的"石头"，人们觉得很神奇，于是就把这种"石头"称为"磁石"。

吸引和排斥

磁体能够吸引铁、钴、镍等物质的性质叫作磁性，具有磁性的物体叫磁体。

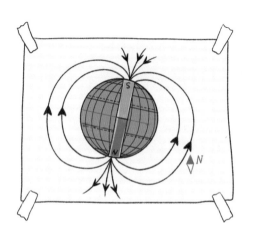

看不到、摸不到的磁场

在磁体的周围，有一种看不见也摸不着的场，叫磁场。

地球的磁场对于人类和动物来说非常重要。

一个南极一个北极

　　磁体上磁性最强的部分叫磁极。一个磁体无论多小都有两个磁极，一个磁极叫北极，一个磁极叫南极。同名磁极互相排斥，异名磁极互相吸引。

生活中磁的应用

　　磁与我们的生活息息相关。从古至今，远至太阳和其他星体，近至我们的身体，小到指南针，大到磁悬浮，在我们家庭和社会中，遇到磁和使用磁的例子有很多。想一想，生活里都有哪些磁现象呢？

生活类

磁性文具盒、冰箱门、冰箱贴。

电子音响类

手机、电视机、音响、耳机等所有的发声扬声器。

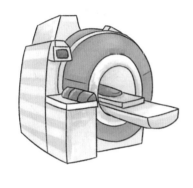

医疗领域

医学检查中最常用的核磁共振。

军事类

现代军事中，用磁作为武器，利用磁场对电流的作用制成电磁炮，发射高速炮弹，摧毁敌方的坚硬装甲设备。

交通类

磁悬浮列车、电动车。

有意思的磁现象

找不到方向，要用指南针

指南针，古代叫司南，主要组成部分是一根装在轴上的磁针，磁针在天然地磁场的作用下可以自由转动并保持在磁子午线的切线方向上。

司南

中国古代四大发明之一的指南针，是利用磁石制成的。

指南鱼

900多年前，人们知道了使铁片、钢针变成磁铁的方法，于是就制作出了灵巧的"指南鱼"。指南鱼就是通过这种磁化方式做成的，经过磁化后浮在水面，就能指南北。

罗盘

后来人们又把磁针和方位盘组合在一起，制造了叫作"罗盘"的定方向仪器。

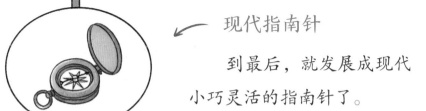
现代指南针

到最后，就发展成现代小巧灵活的指南针了。

飞多远都能回家的鸽子

你听说过飞鸽传书吗？在古代，人类并没有手机，最快的消息传递方式就是信鸽。无论是几百公里还是上千公里，鸽子都能将信件送达，并且原路返回。这是为什么呢？

飞鸽传书

"飞鸽传书"，是古代一个重要的联系方式，鸽子有一个很重要的能力，叫作"归巢"，就是说，鸽子在很远的地方，也能找到自己的巢穴，然后飞回去。

古人会在一个地方驯养大量的鸽子。有人外出的时候，比如行军打仗，就找专人带着驯养好的鸽子出行，等有重要信息需要传递的时候放飞鸽子，鸽子就会自己飞回当初驯养它的地方啦，这就是飞鸽传书。

磁场感应

其实，鸽子的上喙（huì）部位有一种能够感应磁场的晶胞，呈结晶状，类似磁铁矿，这个器官可以让鸽子感应到地磁场，从而为它的飞行导航。

鸽子从小在一个地方长大，就会适应这个地方的磁场状况。在鸽子的记忆里，这个磁场就和我们的经线纬线一样，是一个具体的坐标。当鸽子飞出去之后，无论有多远，凭借着磁场导航，都能回到家中。

此外，鸽子的视力非常发达，有经验的鸽子还会观察生活环境，例如有无湖泊、建筑等。

这些环境特征，更有利于它们找到回家的路。

传说中的电磁起重机

有一种神奇的装置，可以轻松提起近百吨的重物，它就是电磁起重机！为什么它的力气如此之大？

其实，它的秘密就在于它应用了电磁铁。

电磁铁是将导线绕成螺旋线圈，套在铁芯外，当导线通电后，电流通过线圈产生磁场，使铁芯磁化，铁芯就有了吸引力，便能把钢铁物品牢牢吸住，吊运到指定的地方。切断电流，磁性消失，货物就被放下来了。

在空中"飞行"的磁悬浮列车

因为磁铁具有"同名磁极相斥，异名磁极相吸"的性质，所以磁铁可以用来"抗拒"地心引力，即"磁悬浮"。科学家将这种"磁悬浮"的原理运用在铁路运输系统上，使列车完全脱离轨道而悬浮行驶，成为"无轮"列车，时速可达几百公里。这就是"磁悬浮列车"。

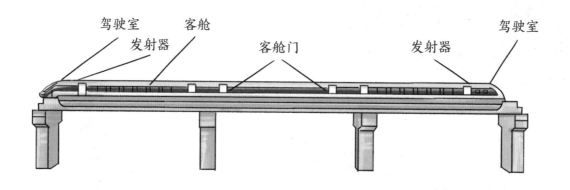

磁悬浮是目前轨道交通技术的制高点，轨道与列车间只有10mm间隙，这是真正的贴地飞行。

没有引擎还能高速运行

列车应用了磁铁吸力和排斥力来前行。通电后，列车和轨道就会变成一节节带有 N 极和 S 极的电磁铁，轨道磁铁 N 极与列车上磁铁 N 极相斥会将列车往前推，下一节轨道磁铁 N 极与列车磁铁 S 极相吸会将列车往前拉，轨道上的电磁铁会根据列车前进而不断变化磁极，保证磁悬浮列车不断向前推进，磁力既可以让列车悬浮又可以推动列车前进。

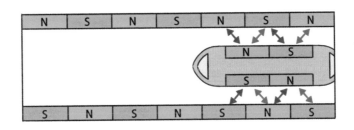

列车车厢与铁轨上分别安放着磁体，磁极相对。在磁极相互作用下，列车可以在铁轨上方数厘米的高度上飞驰，提高了列车的行驶速度。

如果没有磁场，地球会怎样

地球磁场跟地球引力场一样，地球本身就是一个大磁体，磁体的北极在企鹅生活的南极附近，磁体的南极则是在北极熊生活的北极附近。

地磁场在地球上方形成了一个"保护盾"，减少了来自太空的宇宙射线的侵袭，地球上生物才得以生存繁衍。如果没有了这个保护盾，地球会变成和火星一样没有大气层，白天恐怕会极度炎热，晚上可能会极度寒冷、干燥。

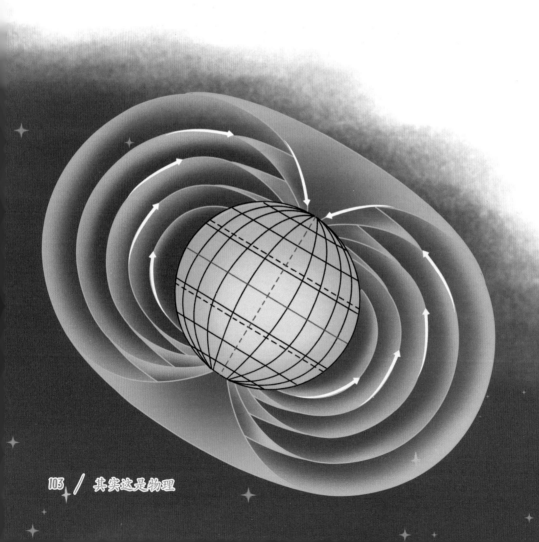

地球表面生物会因过度
照射有害射线而死亡。

人类生病的概率增
加，甚至灭亡。

人类也将彻底失去
食物和氧气来源。

水源干涸，会失去
生命的源泉。

消失的磁性

磁铁具有很大的磁性，那么它在什么时候会消磁呢？

磁铁内部的自由电子会运动，具有一定的方向性和规律性，所以磁铁才会具有磁性。

当磁铁遇上了高温，磁铁：我撑不住了！

当磁铁遇到高温就会打乱内部电子的运动方向，电子会变得杂乱，最终磁铁材料的微观结构发生变化，磁性会完全消失或者磁力减弱。

实验探索 Q

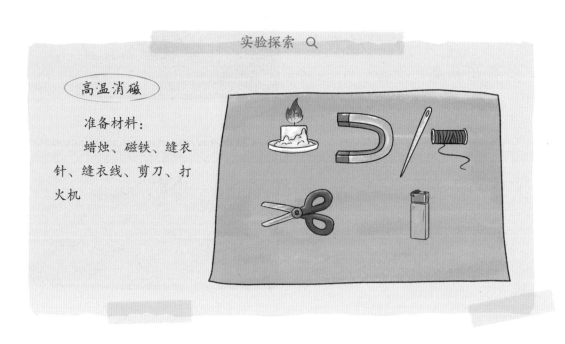

高温消磁

准备材料：

蜡烛、磁铁、缝衣针、缝衣线、剪刀、打火机实验步骤：

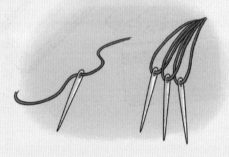

1. 将缝衣线穿入针里，线保留 10cm 左右即可。

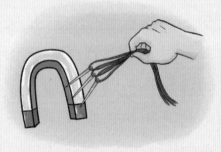

2. 手拿着缝衣线，将缝衣针靠近磁铁。

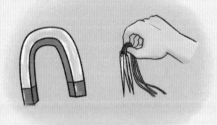

3. 缝衣针被磁铁吸引，然后将缝衣针轻轻与磁铁拉开，并保持一定的距离，但仍然被磁铁吸引着。

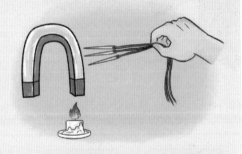

4. 在磁铁下方放置点燃的蜡烛，逐渐加热磁铁。

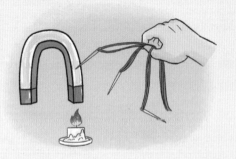

5. 观察一会儿，缝衣针会慢慢掉下来，说明磁铁由于温度升高在减弱磁性。

让银行卡消磁的罪魁祸首

有时候，我们的银行卡如果和手机放在一起，就会发现卡上的磁条不管用了，我们常把这种现象叫消磁。那么，手机究竟是如何让银行卡上的磁条消磁的呢？

其实，真正造成消磁的罪魁祸首是手机的扬声器。扬声器就是手机的喇叭，喇叭里可是有磁铁的。里面的磁铁越大，磁性会越强。喇叭周围一个较小的范围内会形成一个较强的磁场，当银行卡进入这个磁场区域，就会受到磁场的影响，发生消磁。

磁条上分布了许多磁性小颗粒，这些小颗粒就像指南针，如果遇到强磁场，就会迷失方向而失灵。

一起做个实验吧！我们在铁粉上写几个数字，当另外一个较强的磁场靠近时，这些铁粉排列就会被改变，数字就会变得模糊不清甚至消失。银行卡上的磁条也像这些铁粉一样，变得面目全非，存储的信息也就荡然无存了。